AF355729

3me ÉDITION.

GUIDE PRATIQUE

DE L'ÉDUCATEUR DE VERS A SOIE

DE RACES JAPONAISES

SOIT ACCLIMATÉES, SOIT D'IMPORTATION IMMÉDIATE

PAR

JULES RIEU

DE VALRÉAS (VAUCLUSE)

MEMBRE DE L'ACADÉMIE NATIONALE, DE LA SOCIÉTÉ CENTRALE D'APICULTURE DE PARIS,
DE LA SOCIÉTÉ D'AGRICULTURE DE VAUCLUSE
ET DE L'INSTITUT PHILOTECHNIQUE INTERNATIONAL

INTRODUCTEUR & PROPAGATEUR EN FRANCE

de deux races annuelles

l'une à cocons blancs & l'autre à cocons jaunes

MÉDAILLE D'OR

à l'Exposition de Sériciculture à Paris en 1865.

1866

COCONS BLANCS
de la Race Japonaise annuelle
ACCLIMATÉE.

GUIDE PRATIQUE

DE L'ÉDUCATEUR ᴅᴇ VERS A SOIE

DE RACES JAPONAISES

SOIT ACCLIMATÉES, SOIT D'IMPORTATION IMMÉDIATE

PAR

JULES RIEU

DE VALRÉAS (VAUCLUSE)

MEMBRE DE L'ACADÉMIE NATIONALE, DE LA SOCIÉTÉ CENTRALE D'APICULTURE DE PARIS,

DE LA SOCIÉTÉ D'AGRICULTURE DE VAUCLUSE

ET DE L'INSTITUT PHILOTECHNIQUE INTERNATIONAL

INTRODUCTEUR & PROPAGATEUR EN FRANCE

de deux races annuelles

l'une à cocons blancs & l'autre à cocons jaunes

MÉDAILLE D'OR

à l'Exposition de Sériciculture à Paris en 1865.

IMPRIMERIE JABERT, A VALRÉAS.

AVANT-PROPOS

Il existe sur l'éducation des vers à soie, assez de traités fort estimables, sans doute, mais malheureusement trop peu lus, pour que je sois tenté d'en augmenter le nombre.

Fidèle à son titre, cet opuscule de quelques pages ne traitera que des *races Japonaises* annuelles, acclimatées ou d'importation immédiate.

Ces races universellement recherchées, se distinguent de toutes celles connues en Europe jusqu'à ce jour, par des différences dont il importe que les éducateurs soient avertis, autant dans leur propre intérèt que dans celui de la sériciculture européenne, qui joue son va-tout sur cette provenance.

L'éducation d'une race japonaise ne serait qu'une amère déception pour celui qui croirait pouvoir la conduire d'après les procédés généralement usités.

Tandis qu'au moyen de certaines modifications,

L'éducateur pourra compter sur des résultats complétement rémunérateurs,

Pourvu que la graine déjà arrivée ou en route n'ait pas éprouvé de graves avaries.

Introducteur d'une race japonaise annuelle dont le mérite a été officiellement constaté (1) et qui, arrivé à sa troisième année, s'est fait une assez large place dans les départements séricicoles,

Ayant aussi expérimenté au printemps dernier, divers échantillons japonais d'importation immédiate,

Je considère comme un devoir de conscience d'offrir le résultat de mes études aux éducateurs qui vont élever pour la première fois des races japonaises.

Valréas, le 15 Janvier 1865.

(1) (Voir la lettre de M. le Préfet de l'Ardéche) page 13.

GUIDE PRATIQUE

de

L'ÉDUCATEUR DE VERS A SOIE DE RACES JAPONAISES

Soins à donner aux graines avant la mise à incubation.

Les graines japonaises ont la coque très-fragile, et on courrait le risque de casser un grand nombre d'œufs, si l'on entreprenait de les détacher du carton sur lequel elles ont été pondues. C'est pourquoi les Japonais font éclore la graine sur le carton même, dans le but d'obtenir une éclosion complète.

Les premiers beaux jours du printemps, qui mettent en mouvement la sève des arbres, produisent sur la graine un effet analogue et détermineraient une éclosion prématurée si elle n'avait pas été tenue dans un lieu *sec* et *froid*.

L'éducateur comprendra sans peine combien il lui importe que la naissance des vers ne précède pas l'apparition de la feuille qui doit les nourrir.

Outre qu'il perdrait sa graine, il pourrait encore se trouver dans l'impossibilité de la remplacer par la même race.

Incubation & Éclosion.

Il convient de mettre les graines à l'incubation dans un appartement auquel on ait donné une température de 10 degrés au-dessus de zéro, en progressant chaque jour d'un degré jusqu'à 19 (Réaumur).

Les cartons seront disposés sur une claie ou *canisse*, de manière que les graines ne soient pas privées d'air, cet élément leur étant indispensable.

On évite ainsi les inconvénients et les dangers inhérents à de vieilles pratiques encore en usage dans quelques localités, telles que la *chaleur du lit* ou celle de *bouteilles remplies d'eau chaude*.

Une bonne éclosion est la première condition d'une bonne réussite.

L'éclosion des graines japonaises d'*importation immédiate* présente une particularité qui disparaît avec l'acclimatation, et dont il importe que l'éducateur soit averti : c'est son extrême lenteur, à tel point qu'elle se prolonge souvent au-delà de quinze jours.

Mais que l'éleveur se rassure, car les derniers vers éclos arriveront à la bruyère, trois ou quatre jours au plus après les autres.

Première Mue.

Pendant la durée de la première mue, le thermomètre doit être tenu de 18 à 19 degrés Réaumur. A une température inférieure, les jeunes vers ne prendraient pas la nourriture nécessaire, resteraient ensevelis sous la feuille, et la perte occasionnée serait inévitablement considérable, sans qu'on pût s'en apercevoir.

Les vers de race japonaise veulent être nourris de feuille tendre pendant le premier âge.

Comme ils accomplissent leurs mues plus rapidement que

ceux des autres races, ils ont besoin de repas plus fréquents. Il convient donc de leur donner quatre fois par jour.

Une recommandation que je considère comme essentielle pour assurer une réussite complète, c'est de tenir les vers clairs, tant qu'ils sont petits.

Plus un être vivant est faible, moins il doit être gêné pour prendre son accroissement.

Deuxième Mue.

La température doit être maintenue au même degré pour le deuxième âge que pour le premier.

L'éducateur attentif ne tardera pas à s'apercevoir qu'un certain nombre de vers grossissent moins que les autres. Qu'il ne s'inquiète pas de cette irrégularité, car ces petits vers feront leurs cocons.

On devra donc bien se garder de les abandonner, mais, au contraire, recueillir jusqu'au dernier tous ceux qui se trouveront sur la litière, les tenir séparés, et leur donner un repas de plus par jour pour leur faire atteindre le développement de leurs aînés.

J'ai eu le plaisir de remarquer dans cette imperfection que je signale, une tendance prononcée à s'effacer par l'acclimatation.

Troisième Mue.

Le thermomètre doit être tenu de 17 à 18 degrés, comme dans les âges précédents ; le nombre des repas continuera d'être de quatre par jour.

C'est à la sortie de la troisième mue que les vers de race japonaise commencent à montrer la physionomie et les caractères particuliers qui les font distinguer de toutes les races connues, à l'éducateur qui les a une fois observés : *yeux jaunes, arcs sourcilliers noirs, croissants très-prononcés sur le dos*, tels sont les traits les plus saillants qui les caractérisent et les feront reconnaître à la première vue.

Cette particularité est, pour l'éleveur, l'irrécusable certificat d'origine de la graine dont il est approvisionné.

Quatrième Mue.

A la sortie de cette maladie, les vers ne devront être délités qu'après avoir pris quatre repas, et seront posés sur les claies aussi clairs que possible.

A cet âge, ils grossissent rapidement et atteignent pendant les quelques jours qui les séparent de la montée, la taille des vers de nos anciennes races indigènes.

La température doit toujours être maintenue de 17 à 18 degrés en ayant soin d'aérer la magnanerie.

Toujours le même nombre de repas.

Montée.

Les vers de race japonaise ne mettent guère que huit jours pour arriver de la quatrième mue à la maturité.

Un soin essentiel et que je ne saurais trop expressément recommander, c'est d'effectuer le délitage deux jours avant la montée ;

Car on perdrait beaucoup de vers si on les touchait au moment où ils se disposent à dévider leur soie.

Il n'importe pas moins de disposer la bruyère de façon que les vers n'aient qu'à faire un court trajet pour l'atteindre.

Les Japonais, d'après les relations parvenues à ma connaissance, placent la bruyère horizontalement sur les vers. On se rapprochera autant que possible de cette pratique, — si l'on ne se décide pas à l'adopter tout à fait, — en formant avec la bruyère une sorte de haie sans espaces vides à la base.

L'éducateur comprendra l'importance de ces recommandations, qui peuvent paraître minutieuses, quand il aura vu ses vers coconner dans la litière faute d'avoir la bruyère à leur portée.

Même température et même aération qu'à la quatrième mue.

Grainage.

Il est utile de tenir les cocons destinés au grainage dans un appartement où il y ait une température régulière. Les éducateurs ne doivent pas s'attacher à ne choisir pour la reproduction que les cocons les plus avantageux par la forme. J'ai remarqué que des plus beaux cocons sortent généralement des femelles; aussi doit-on prendre par parties à peu près égales des moyens et des gros.

Les papillons de race japonaise sont si robustes et si vigoureux que l'accouplement s'opère sans qu'il soit besoin de s'en préoccuper ; il faut avoir soin, seulement, de *séparer les papillons quatre heures après l'accouplement*, et de déposer immédiatement la papillonne sur un papier fort ou un carton.

Le carton ou le papier doit être posé horizontalement, parce que les papillonnes de cette provenance marchent en déposant leur graine, et si le carton était placé verticalement, la papillonne pourrait glisser, et une partie de ses œufs serait perdue.

Pour que la ponte soit complète, la température de l'atelier ne doit pas descendre au dessous de 18 degrés.

CONCLUSION.

Les races japonaises sont généralement considérées comme
définitivement acquises à l'Europe, par la reproduction de
celles qui ont été introduites depuis deux ou trois ans.

Si les procédés que je conseille sont adoptés par la pratique générale, la prochaine récolte fournira largement
toutes les graines nécessaires à l'approvisionnement de
l'Europe séricicole, qui délaissera toutes les races plus ou
moins anciennement connues.

Pour compléter ma tâche, il me reste à èclairer l'éducateur sur le mérite des produits obtenus en France, des
différentes races japonaises.

Les appréciations qui suivent sont basées sur mes propres
observations, confirmées par l'autorité des hommes les plus
compétents.

Races Trivoltines.

Tout le monde connaît l'infériorité ou la médiocrité du produit de ces races, qui ont de plus le tort grave d'exiger des éducations successives, incompatibles avec les conditions générales de notre agriculture.

D'après les appréciations des plus éminents filateurs, il ne faut pas moins de 20 à 25 kilogrammes de cocons pour 1 kil. de soie.

Diverses Races Annuelles.

RACE A COCONS VERTS.

J'ai expérimenté au printemps de 1864 divers échantillons de cette race, d'importation immédiate, et j'ai pu en apprécier les produits d'après les résultats obtenus, soit dans mon établissement d'essais, soit chez plusieurs éducateurs. Les cocons ne laissent rien à désirer tant pour la régularité de la forme que pour la finesse et la richesse du brin ; ils n'ont contre eux que la couleur qui est peu estimée des filateurs.

RACE A COCONS BLANCS.

Pour l'appréciation de cette race, que j'ai introduite, en France et qui, parvenue à sa troisième génération, est appelée à fournir son contingent à la prochaine récolte, je m'en réfère à l'appréciation exprimée par M. le Préfet de l'Ardèche, dans la lettre suivante, insérée au *Moniteur des Communes* et reproduite par plusieurs journaux:

M. le Préfet de l'Ardèche

A M. JULES RIEU, SÉRICICULTEUR

à Valréas (Vaucluse)

—

PRIVAS, le 29 novembre 1864.

J'ai remis à un des principaux filateurs de l'Ardèche, pour en faire l'essai et en apprécier la qualité, l'échantillon de cocons blancs provenant de la race japonaise annuelle, ACCLIMATÉE PAR VOS SOINS, *que vous avez bien voulu m'adresser avec votre lettre du 15 sept. dernier.*

J'ai l'honneur de vous faire connaître les résultats obtenus par cet essai : Les 38 GRAMMES *net de cocons que j'ai fait filer ont produit* 10 GRAMMES 1/2 *soie, soit* 1 KIL. *de soie pour* 3 KIL. 620 *grammes de cocons . Cette soie a une très-jolie couleur et le rendement n'en est pas moins satisfaisant, puisque, d'après la déclaration de fileurs compétents, c'est là le rendement ordinaire, en 1864, des meilleurs cocons, alors qu'il est reconnu que les cocons de provenance japonaise rendent généralement beaucoup moins que les autres.*

En présence de ce résultat, que je suis heureux de vous communiquer, je ne puis que vous engager à poursuivre avec persévérance vos essais d'acclimatation et à propager vos graines dans nos contrées séricicoles.

Agréez, Monsieur, l'assurance de ma considération très-distinguée.

Le Préfet de l'Ardèche , signé DEMANCHE.

P.-S. J'ai confié la soie filée au Secrétariat de la Société d'Agriculture pour être mise à la disposition des éducateurs qui voudraient l'apprécier.

RACE A COCONS JAUNES.

Je ne sache pas qu'il soit encore arrivé du Japon aucun lot de graines à cocons jaunes, si recherchés des éducateurs.

Mais, parmi les cocons blancs de ma première éducation en 1863, il se trouva 128 cocons jaunes, que je fis grainer séparément et dont j'obtins 10 grammes de très-belle graine. Ces 10 grammes de graine ont produit 15 kilogrammes de cocons, qui, destinés à un grainage particulier, ont donné 43 onces de semence, dont la reproduction permet d'espérer, pour un prochain avenir, la propagation sur une assez large échelle, de cette belle race à cocons jaunes, également désirée des propriétaires et des filateurs.

Éducateurs qui ne payez qu'en murmurant le tribut que vous impose le grainage étranger!

Mettez en pratique les conseils que je vous donne pour l'éducation des races japonaises;

Vous obtiendrez une récolte de cocons proportionnée à la quantité de graine saine que vous vous serez procurée;

Votre récolte vous fournira une race robuste, capable de reproduire plusieurs générations;

Et vous sortirez enfin de la situation déplorable où vous gémissez depuis si longtemps!

Jules RIEU.